DOCTEUR TAMIN-DESPALLES

COUP D'OEIL SUR LES INDICATIONS
LES CONTRE-INDICATIONS
ET L'USAGE DES EAUX MINÉRALES
DE
CONTREXÉVILLE
(SOURCE DU PAVILLON)

GRAVELLE, GOUTTE, DYSPEPSIES,
CALCULS BILIAIRES, CONSTIPATION HABITUELLE
ET ENGORGEMENTS DU FOIE, DE LA RATE
ET DES INTESTINS; CATARRHE VÉSICAL, DIABÈTE,
ALBUMINURIE, CHLORO-ANÉMIE

PARIS
HACHETTE ET CIE, ÉDITEURS
14, RUE PIERRE-SARRAZIN
CONTREXÉVILLE, à la librairie de l'établissement

1875

CONTREXÉVILLE

(SOURCE DU PAVILLON)

DOCTEUR TAMIN-DESPALLES

COUP D'OEIL SUR LES INDICATIONS
LES CONTRE-INDICATIONS
ET L'USAGE DES EAUX MINÉRALES

DE

CONTREXÉVILLE
(SOURCE DU PAVILLON)

GRAVELLE, GOUTTE, DYSPEPSIES,
CALCULS BILIAIRES, CONSTIPATION HABITUELLE
ET ENGORGEMENTS DU FOIE, DE LA RATE
ET DES INTESTINS; CATARRHE VÉSICAL, DIABÈTE,
ALBUMINURIE, CHLORO-ANÉMIE

PARIS
HACHETTE ET Cie, ÉDITEURS
14, RUE PIERRE-SARRAZIN
CONTREXÉVILLE, à la librairie de l'établissement

1875

DU MÊME AUTEUR

TRAITÉ DE LA PHTHISIE. — 4e édition, 1863. 1 vol. in-8°, Germer-Baillière, éditeur. 3 fr.

TRAITEMENT DE LA PHTHISIE. — 1864. Brochure. — Germer-Baillière, éditeur. 1 fr. 50

ALIMENTATION DU CERVEAU ET DES NERFS. — 1873. 1 volume grand in-8°, avec planches, Adrien Delahaye, éditeur. 6 fr.
Cartonné 7 fr.

APPAREIL INHALATEUR IODOPNORE. — 1864. Mathieu, fabricant. 20 fr.

TRAITEMENT PHYSIOLOGIQUE DES MALADIES HÉRÉDITAIRES ET CONSOMPTIVES. — Paris, 1875. 1 vol. in-8°, 6e édition. 3 fr. Adrien Delahaye, libraire-éditeur, 23, place de l'École-de-Médecine.

TRAITEMENT DES CONGESTIONS PARALYTIQUES PAR LES INHALATIONS D'OXYGÈNE PUR (Comptes-rendus de l'Académie des sciences. 19 avril 1875).

CONTREXÉVILLE

(SOURCE DU PAVILLON)

Après les ouvrages du docteur Victor Baud (1), auquel Contrexéville doit à la fois sa renommée et sa prospérité, il ne reste que peu de choses à dire.

Je me bornerai donc, dans cet opuscule, à exposer quelques considérations générales utiles. Médecin de ce savant praticien, j'ai été désigné par lui, pour continuer son œuvre, sa clientèle, et pour annoter les éditions suivantes de son livre. Cette confiance m'honore et m'oblige.

Depuis seize ans, habitué à poursuivre dans les méandres de l'organisme, les causes physico-chimiques si souvent méconnues, de l'anémie, des dyspepsies, des maladies chroniques acquises, constitu-

(1) 1° *Contrexéville* (goutte, gravelle urinaire, gravelle biliaire, maladies des voies urinaires), par le Dr V. Baud, chevalier de la Légion d'honneur, médecin en chef des épidémies de la Seine, etc.

A Paris, chez Trinquesse, dépositaire général de l'Eau de Contrexéville, 23, rue de la Michodière, et à Contrexéville, au bureau de l'Etablissement.

1875, *prix* : 2 *fr.* 25 c.

2° *Maladies des organes génito-urinaires et goutte.* — 1868.

tionnelles ou héréditaires, on comprend qu'il me soit aisé de séparer de ce groupe, la gravelle, la goutte, le diabète, et les altérations diverses des appareils urinaire et biliaire, ces adversaires familiers, que le médecin a si souvent rencontrés sur sa route.

Dans nos longues conversations sur les propriétés, l'application des eaux de Contrexéville, et les détails circonstanciés sur ses malades, le docteur Baud (dont je m'honore d'avoir été jusqu'à sa dernière heure, le confident et le médecin) a pu me communiquer le fruit et le résumé de ses 22 années de pratique hydro-minérale. Grâce à ce guide précieux, il m'a été facile d'en connaître toutes les particularités.

La plupart des maladies chroniques sont produites ou entretenues par l'anémie ou la pléthore.

Or, le traitement de l'anémie étant absolument le contraire de celui de la goutte chez les sujets sanguins, les rapports thérapeutiques en sont donc si étroits, que le médecin expérimenté peut à son gré, produire l'anémie en exagérant le traitement anti-pléthorique, ou la pléthore en dépassant les sages limites de la médication anti-anémique. J'ajoute que presque toutes les maladies chroniques présentent, comme symptôme dominant, les diverses dyspepsies ou vices dans la digestion, et par suite dans la réparation nutritive.

Les dyspepsies elles-mêmes produisent une tendance plus ou moins acide des sécrétions.

A l'acidité énergique correspondent la gravelle urique, la goutte aiguë, et toutes les nombreuses maladies caractérisées par la présence d'un excès d'acide urique dans le sang. A l'acidité faible ou à la neutralité, se rattachent la gravelle phosphatique ou blanche, la goutte atonique ou le rhumatisme goutteux, la gravelle biliaire, et en général toutes les maladies, dans lesquelles dominent l'anémie ou la chloro-anémie, c'est-à-dire quand la dénutrition et la déphosphatisation des tissus ne sont pas contre-balancées par la réparation alimentaire, et dans lesquelles la contractilité locale et la puissance nerveuse générale, se sont considérablement amoindries.

L'alcalinité persistante des urines indique tantôt une lésion grave des reins ou de la vessie, tantôt un trouble profond de l'innervation, tantôt une extrême débilité organique. L'acidité de la salive est un des symptômes du diabète. Il devient facile de comprendre, combien le traitement des divers états morbides observés doit ainsi varier suivant les causes qui les produisent, et le danger que courraient les malades, s'ils étaient l'objet d'une méprise ou d'un examen trop superficiel, de la part de leur médecin.

Un graveleux se présente, il a des éblouissements,

— son teint coloré impose à l'observateur — on le met au régime des goutteux ou graveleux anti-pléthoriques, en même temps qu'à l'usage des eaux, alors que son état se confondait avec une anémie méconnue! Ce fait n'est pas rare. Les conséquences d'une pareille erreur de diagnostic peuvent être graves, on le conçoit.

L'urine contient du sucre, sur ce premier examen, le médecin diagnostique le diabète essentiel. S'il eût différé son jugement, des symptômes de goutte lui auraient démontré que ce diabète n'était qu'intermittent ou alternatif, c'est-à-dire infiniment moins grave.

L'engorgement de l'appareil biliaire fait souvent négliger l'examen de la rate.

Pourtant, combien de fois, une hypertrophie de la rate, que l'on négligeait d'examiner, tenait-elle sous sa dépendance l'engorgement du foie?

Le grand péril en médecine est de prendre l'*effet pour la cause*, et conséquemment d'appliquer sans résultat le traitement qui semble le plus rationnel.

Que de fois, la véritable cause de la fréquence des calculs biliaires et des coliques hépatiques a-t-elle été méconnue, parce qu'on oubliait la relation intime qui existe entre le cerveau et les nerfs, centres de production de la cholestérine (base des calculs biliaires) et le foie, chargé de l'éliminer sous forme de stercorine.

La suractivité cérébro-nerveuse provoque, en effet, une surabondance de cholestérine. Si le foie ne l'élimine pas assez rapidement, des concrétions biliaires se forment progressivement. Aussi, les accès de colique hépatique, chez les sujets prédisposés, s'observent-ils presque toujours après de grandes perturbations intellectuelles, nerveuses ou morales. Souvent les coliques néphrétiques se produisent dans les mêmes circonstances.

Les erreurs de diagnostic pourraient donc avoir pour les malades les plus graves conséquences, si *au lieu de s'adresser à la rate et aux centres cérébro-nerveux, on s'occupait exclusivement du foie.*

L'anémie, beaucoup plus souvent que la pléthore, cause, complique ou entretient la gravelle biliaire, la gravelle blanche et le rhumatisme goutteux. Elle exige un traitement général en même temps que la cure hydrominérale.

Des rapides considérations qui précèdent, je conclus que l'administration de l'eau, des bains et des douches ne constitue peut-être pas le seul point capital de la pratique des eaux minérales.

Rechercher soigneusement la *cause vraie* des symptômes observés : *tenir grand compte du tempé-*

rament, de la *tolérance digestive*, voire même des répugnances du malade, des irritations intestinales avec diarrhée, de l'état général, et *principalement des lésions organiques du cœur ou des gros vaisseaux*, des poumons, de l'intestin, du foie et du cerveau, en un mot, donner prudemment les eaux, jusqu'à la certitude qu'il n'y a pas *lésion organique*, car, dans cette situation, surtout avec *fièvre lente*, les eaux minérales sont *absolument contre-indiquées*.

La promptitude avec laquelle un médecin ordonnerait les doses ordinaires, dans de semblables conditions, risquerait de compromettre, à plus ou moins bref délai et même subitement, l'existence des malades et la réputation des eaux.

Beaucoup de buveurs ont le tort de boire sans préalablement se faire examiner par le médecin. C'est là un *jeu dangereux*. Dans l'intervalle des saisons, une lésion organique a pu se produire et obliger soit à l'abstention complète, soit à des précautions dont il est impossible au malade d'apprécier lui-même, pendant sa saison, toute la variété et l'étendue.

Les eaux minérales ne sont pas comme la lance d'Achille. Elles ne guérissent pas toujours les blessures qu'elles font.

Il est bien de prendre les eaux avec prudence, mais *empêcher de les prendre*, lorsque, en observant attentivement leur action, au lieu de guérir, elles font courir des risques sérieux, est encore, à mon sens, beaucoup mieux.

COUP D'ŒIL COMPARATIF SUR LES EAUX MINÉRALES D'EUROPE.

La température des eaux minérales est celle des couches profondes qu'elles traversent. Elle permet de calculer leur niveau au-dessous de la surface.

La température des couches terrestres s'élève d'environ 1 degré par 32 à 35 mètres de profondeur.

Les Eaux d'Ax, dans l'Ariége, dont la température est de 75° doivent provenir d'une profondeur d'à peu près 2,500 mètres.

On range les eaux minérales dans les classes suivantes :

Eaux acidules : froides, caractérisées par la présence d'un excès d'acide carbonique libre.

Saint-Galmier, Condillac, Seltz, Chateauneuf-Morny, par exemple.

Eaux alcalines bicarbonatées sodiques : (2 à 6 grammes par litre), chaudes ou froides, de 14 à 43°.

Ex. : Vichy (Grande-Grille, Célestins), Evian, Ems, Carlsbad.

Eaux chlorurées : chaudes ou froides (3 à 30 grammes de chlorures alcalins).

Ex. : Hombourg, Kissingen, Baden-Baden, Wiesbaden, Brides, Bourbonne, Eau de mer.

Eaux sulfureuses : chaudes (0 gr. 02 à 0,50 de sulfure de sodium par litre).

Ex. : Bagnères, Uriage, Aix-la-Chapelle, Baréges, Aix-en-Savoie ; froides (20 à 120 centimètres cubes d'hydrogène sulfuré par litre), ex. : Enghien.

Eaux ferrugineuses : (0 gr. 007 à 0 gr. 600 par litre).

Ex. : Forges, Spa, Bussang, Luxeuil.

Eaux bromo-iodurées : (0 gr. 05 à 0 gr. 1 et plus d'iodure, et 1 à 10 grammes et plus de bromures par litre).

Ex. : Hall, Eau bromo-iodurée d'Heilbrünn, Eau chloro-bromurée de Kreutznach, Challes.

Eaux sulfatées :

— sodiques (14 à 20 grammes de sulfate de soude par litre). Ex. : Eau de Sedlitz.

— magnésiennes (10 à 15 grammes de sulfate de magnésie par litre).

Ex. : Eau de Pullna, de Birmenstorf, de Friedrischall.

De tous les groupes que je viens d'énumérer rapidement se détachent les EAUX BICARBONATÉES-SULFATÉES CALCIQUES, *dont Contrexéville est à peu près le type unique.*

L'analyse de M. Ossian Henry indique 2,941 de principes minéralisateurs par litre, j'en ai trouvé 3,277 pour le Pavillon; 3,435 pour le Quai; 3,380 pour le Prince.

SOURCE DU PAVILLON

			Litres.
Principes volatils	Acide carbonique libre.		0. 023
	Azote avec un peu d'oxygène. .		indéterminé
			Gram.
Principes fixes. .	Sulfates anhydres. . . .	de chaux.	1. 236
		de magnésie. . .	0. 167
		de soude..	0. 140
	Bicarbonates.	de chaux	0. 712
		de magnésie. . .	0. 241
		de soude anhydre.	0. 308
		de fer et de manganèse.	0. 011
		de lithine et de strontiane . . .	0. 0013
	Chlorures. . .	de sodium . . . . de potassium. . . de magnésium. .	0. 224
	Silicates. . . .	Silice . . . . Alumine	0. 123
	Iodures . . . . Bromures . . . Fluorures . . .	Alcalins ou terreux.	0. 0017
	Phosphates de chaux ou d'alumine. . . . . Matière organique azotée. . . . Principe arsénical. . . . . Perte		0. 082
	Principes minéralisateurs . . .		3. 277
	Eau pure.		996. 723
		Grammes. .	1000. 000

Dans les maladies caractérisées par la prédominance des acides dans l'économie, la goutte et la gravelle principalement, le but de la médication est de tempérer cet excès d'acidité, mais on court le danger de lui substituer l'état contraire : l'alcalinité, de produire la pierre en favorisant la précipitation des sels solubles seulement dans un milieu acide, et de débiliter l'organisme. — Les eaux bicarbonatées sodiques exposent à ce grave danger, tandis que les effets déprimants de celles de Contrexéville se pondèrent d'eux-mêmes, grâce à la présence du fer (1) et des sels reconstituants, bicarbonates, bisulfates et fluorures de chaux (2).

Sous l'influence de l'Eau de Contrexéville, les sécrétions urinaires ne deviennent jamais alcalines à l'excès.

Elle procède par un *lavage*, qui modifie le tempérament acide sans produire l'anémie et l'épuisement, redoutables conséquences des eaux alcalines proprement dites, de Carlsbad, et de Vichy, par exemple ; dont les épaves vivantes viennent à Contrexéville de-

(1) La petite proportion de substances arsénicales contenues dans l'Eau de Contrexéville, corrige les dispositions à l'herpétisme ou *vice dartreux*, qui complique fréquemment l'arthritisme ou la diathèse goutteuse.

(2) (Voir mon Traitement des maladies héréditaires et consomptives (page 181). — Mémoire à l'Académie des Sciences, octobre 1874.

mander une double guérison : celle des eaux alcalines fortement bicarbonatées sodiques et celle de leur maladie primitive. Heureux, lorsqu'il en est encore temps !

USAGE DES EAUX DE CONTREXÉVILLE

Selon les tolérances individuelles, les eaux de Contrexéville purgent et font uriner plus ou moins vite et plus ou moins abondamment.

Les sources du Quai et du Prince (1) étant plus magnésiennes sont aussi un peu plus purgatives.

Les tempéraments franchement pléthoriques peuvent supporter sans inconvénients, depuis 3 verres, au début, jusqu'à 12 et même 14 verres (4 litres) par jour.

Les purgations répétées ne sont pas, dans ces cas exceptionnels, à redouter comme effets débilitants.

Si, au contraire, il s'agit d'une organisation anémique ou d'un tempérament bilieux-nerveux, on doit craindre les effets déprimants des purgations excessives, et il faut les modérer, de façon à n'obtenir qu'une ou deux selles chaque jour.

On arrive à ce résultat en tâtonnant le nombre de verres, généralement de 1 à 6 par jour.

(1) La source du Prince est plus ferrugineuse que les deux autres.

Vers le quinzième jour de leur cure, les malades réduiront progressivement le nombre de verres, afin de revenir à la proportion initiale.

Je conseille, pendant toute l'année, l'usage d'une bouteille par jour, prise avec le vin pendant les repas, et dans l'intervalle, quelques pastilles aux sels de Contrexéville. Cet usage entretient l'organisme sous l'influence minérale, et le prépare merveilleusement aux salutaires résultats de la cure suivante à Contrexéville.

BAINS. — DOUCHES.

L'administration des bains et des douches variées, doit être très réservée, et subordonnée à la réaction dont les malades sont susceptibles. Soit comme durée, soit comme mode d'application, soit comme température, il faut procéder avec méthode et progressivement.

On ne doit pas oublier que les moyens à mettre en œuvre diffèrent suivant les tempéraments et qu'ils exigent dans tous les cas, la plus grande prudence dans leur emploi, sous peine de provoquer les plus graves accidents.

La durée des bains varie de un quart d'heure à une heure, rarement plus, et la température de 25 à 32 degrés centigrades.

Si les malades ont une tendance aux congestions de la tête, ils prendront un bain de pieds en entrant et en sortant de leur baignoire, et la température de l'eau sera plutôt fraîche ou tempérée que chaude.

Des maux de tête persistants contre-indiquent formellement l'usage des bains, chez les sujets pléthoriques et goutteux.

Généralement, pour les premières douches, on emploiera la petite pomme d'arrosoir, et elles seront dirigées sur les flancs, les lombes, les engorgements et les raideurs articulaires, avec de l'eau de plus en plus fraîche, selon la facilité et la rapidité des réactions, qui, du reste, pourront être favorisées par le massage ou les frictions.

Progressivement on arrivera à la lance plein jet et aux affusions en pluie, d'abord tièdes, puis de plus en plus fraîches.

La durée des douches est comme leur température extrêmement variable.

Généralement, il est sage de tâter son malade et de commencer par deux à trois minutes. Rarement on trouvera l'occasion de dépasser dix minutes.

Les douches en cercle et ascendantes, écossaises, anales et périnéales, sont soumises aux mêmes indications générales.

DIAGNOSTIC PAR L'ÉTUDE DES URINES

Pour un médecin instruit, les urines, cendres du corps, sont le miroir où les bilans comparatifs de l'organisme viennent se refléter. Les observations portent sur les :

1° Changements observés dans les caractères généraux des urines.

Quantité. — Limpidité. — Couleur. — Odeur.

2° Changements quantitatifs, portant sur les principes urinaires normaux.

Réaction. — Résidu solide de l'urine.

— Variations de l'urée dans :

L'ictère;

Les maladies du foie;

Les maladies chroniques;

Les affections nerveuses;

Le diabète;

La polyurie ou surabondance des urines;

L'oligurie ou absence d'urines;

L'albuminurie;

L'anémie;

Les cachexies ou consomptions.

— Variations de l'acide urique.

— » de l'acide hippurique.

— » des matières extractives.

Variations des matières colorantes.

— » du chlore et du sel marin.

— » des sulfates.

— » des phosphates.

— » de la chaux et de la magnésie

— » de la soude, du fer, de la potasse, de l'ammoniaque.

3° Principes anormaux dans les urines.

— Albumine.

— Glucose.

— Matériaux de la bile.

— Graisses, sang, chyle.

— Acide oxalique, acide lactique.

4° Sédiments, graviers et calculs urinaires.

TABLEAU Ier. — SÉDIMENTS INORGANISÉS

	Caractères	Réaction	Nature
Corps nettement cristallins.	Cristaux très-volumineux, généralement isolés, transparents, à arêtes vives, forme typique en couvercle de cercueil.	Solubles dans l'acide acétique.	*Phosphate ammoniaco-magnésien.*
	Cristaux volumineux mais généralement groupés, colorés en jaune ou en brun, à surface souvent fendillée, à contours très-foncés.	Insolubles dans l'acide acétique.	*Acide urique.*
	Cristaux très-petits, isolés, très-transparents et très-réfringents, à arêtes vives, de forme octaédrique, souvent en enveloppe de lettre (employer un grossissement de 400 diamètres).	Insolubles dans l'acide acétique.	*Oxalate de chaux.*
Corps amorphes.	Granules arrondis ou ovales à contours foncés, noirâtres, isolés ou réunis trois ou quatre ensemble, en étoiles en grains de chapelet, etc. Granules très-pâles, beaucoup plus petits, très-transparents et difficiles à apercevoir, toujours réunis par plaques irrégulières ponctuées (aspect le plus constant).	Solubles dans l'acide acétique sans dégagement de gaz.	*Phosphate de chaux.*
	Grains arrondis, isolés, à stries concentriques ou rayonnées (quelquefois les deux ensemble), plus ou moins opaques et noirâtres.	Solubles dans l'acide acétique avec dégagements de bulles de gaz à leur surface.	*Carbonate de chaux.*
	Petits granules jaunâtres, tantôt très-petits et disposés en séries ramifiées (*sédiments récents*), tantôt plus volumineux sous forme de globules à contours noirs et à centre jaune, réunis en masse ou bien isolés et hérissés de pointes (*sédiments anciens*).	Solubles dans l'acide acétique lentement avec apparition, au bout de quelques instants, de tablettes incolores d'acide urique.	*Urates.*
	Granulations très-fines isolées, agitées d'un mouvement de tourbillon (mouvement *Brownien*).	Insolubles dans l'acide acétique.	*Granulations moléculaires.*
	Granulations arrondies, de grandeur variable, très-réfringentes, solubles dans un mélange d'alcool et d'éther, surtout après addition d'une trace de soude.	Insolubles dans l'acide acétique.	*Gouttelettes de graisse.*

Tableau II. — SÉDIMENTS ORGANISÉS

Forme	Caractères	Réactions	Sédiments
Forme cellulaire plus ou moins arrondie.	Globules toujours ronds à contours lisses ou crénelés, sans noyaux, présentant le plus souvent une dépression centrale, isolés, réunis en pile ou englobés dans des filaments de fibrine ou de mucus.	Gonflés par l'acide acétique faible ou recroquevillés, et prenant un aspect framboisé. Non colorés par le carmin.	*Globules sanguins.*
	Globules ronds ou ovales, à contours peu accentués, à contenu blanc grisâtre, granuleux ou nucléolé ; isolés ou réunis en masses, et alors polygonaux, souvent englobés dans du mucus et allongés.	Pâlis par l'acide acétique qui fait apparaître dans leur intérieur 2 à 3 nucléoles colorés par le carmin.	*Leucocythes.*
	Globules ronds ou ovales très-petits, très-réfringents, présentant quelquefois un ou deux nucléoles brillants ou des expansions verruqueuses sur leurs contours ; isolés ou réunis en chapelets (grossissement, 500 diamètres).	Non modifiés par l'acide acétique, non colorés par le carmin. — Les nucléoles ou l'intérieur de la cellule se colorent en jaune par l'eau iodée.	*Spores.*
	Très-petits corpuscules ovales, réfringents, hyalins, munis d'une queue en forme de filament délié très-long.	Non modifiés par les réactifs.	*Spermatozoïdes.*
Forme cylindrique ou fusiforme.	Éléments arrondis, cylindriques, fusiformes ou polygonaux, à contenu granuleux et le plus ordinairement muni d'un ou plusieurs noyaux.	Pâlis par l'acide acétique qui fait paraître nettement les noyaux en les déformant. — Colorés par le carmin, les noyaux surtout.	*Epithéliums.*
	Cylindres volumineux à aspects variables, plus ou moins longs, quelquefois tordus ou ondulés (grossissement de 120 diamètres).	Pâlissent sous l'influence de l'acide acétique et se rétractent de nouveau par les alcalis.	*Cylindres urinaires.*
	Cylindres ou bâtonnets très-courts et très-petits, en général nombreux et semblables entre eux, transparents, souvent agités de mouvements ondulatoires.	Non modifiés par l'acide acétique, qui ralentit ou arrête leurs mouvements.	*Vibrioniens.*

Filaments ou flocons.	Filaments très-minces plus ou moins modifiés ou entrecroisés.	Non modifiés par l'acide acétique.	*Algues; champignons.*
		Pâlis par l'acide acétique ; l'aspect fibrillaire disparaît et fait place à une masse amorphe gonflée, transparente, qui redevient fibrillaire par la potasse.	*Caillots de fibrine.*
		Rendus plus évidents par l'acide acétique qui leur donne un aspect ponctué ou strié.	*Mucus.*

Tableau III. — ACTION DE L'ACIDE ACÉTIQUE SUR LES SÉDIMENTS

Ajoutez, sous le microscope, une goutte d'acide acétique à 4 équivalents d'eau. Elle pénétrera par capillarité ;

Disparaissent.		*Phosphate ammoniaco-magnésien.* *Phosphate de chaux.* — Se dissout plus lentement que le précédent. *Carbonates.* — Se dissolvent avec dégagement de bulles de gaz, qui suintent de leur surface. Si l'urine était ammoniacale, la masse tout entière du liquide émettrait de grosses bulles d'acide carbonique. *Urates.* — Dissolution lente. Ils sont peu à peu remplacés par des tablettes d'acide urique.
Seront modifiés.	Sont pâlis	*Epithéliums.* — Les noyaux, s'ils existent, deviennent plus évidents, mais difformes. *Certains cylindres urinaires*, les cylindres épithéliaux, et ceux recouverts d'urates. *Fibrine.* — Elle est gonflée ; son aspect fibrillaire disparait. *Leucocythes.* — Pâlis avec apparition de deux ou trois noyaux.
	Sont pâlis et recroquevillés ou gonflés.	*Globules sanguins.*
Non modifiés		*Acide urique.* *Oxalate de chaux.* *Spores, algues, filaments végétaux.* *Spermatozoïdes, vibrions, bactéries.* *Granulations moléculaires.*
Peuvent apparaitre.		*Acide urique.* — En cristaux sous forme de tablettes incolores, transparentes, souvent disposées en séries. *Stries ou ponctuations* sur filaments de mucus.

Tableau IV. — ACTION DE LA POTASSE SUR LES SEDIMENTS URINAIRES

Insinuez un brin de coton fin entre les deux plaques de verre qui comprennent la préparation. Humectez-le avec une solution de potasse caustique au 10e.

Disparaissent.	*Urates.* — Dissolution d'autant plus lente qu'ils sont plus anciens. *Acide urique.* — Dissolution lente et progressive. *Globules sanguins.* — On les voit éclater et se dissoudre spontanément. *Leucocythes.* — Pâlissent et se dissolvent rapidement. *Noyau des épithéliums.* id. *Cylindres urinaires.* id. *Fibrine et mucus.* — Dans les cylindres granuleux la potasse dissocie les granulations qui nagent alors dans le liquide.
Sont modifiés.	*Epithéliums.* — Les noyaux disparaissent; la cellule pâlit en même temps, se gonfle et s'arrondit en vésicule; les contours ne se voient alors qu'à l'aide de la lumière oblique. — Les épithéliums pavimenteux sont ceux qui résistent le mieux à l'action de la potasse.
Ne sont pas modifiés.	*Phosphate ammoniaco-magnésien.* *Phosphate de chaux.* *Carbonate de chaux.* *Oxalate de chaux.* *Spores, vibrions, bactéries.* — Leurs mouvements sont arrêtés. *Spermatozoïdes.* *Filaments végétaux.* *Granulations moléculaires.*

(Marais.)

5° Produits divers de désorganisations, pus.

— Sang.

— Spermatozoïdes.

— Microzoaires, vers.

Dans mon traité *De l'Alimentation du cerveau et des nerfs* (page 231), j'ai longuement exposé ce qui a trait à la cholestérine, au foie et aux analyses de la stercorine, comme élément de diagnostic des maladies de l'appareil biliaire.

Les calculs biliaires sont riches ou en cholestérine, ou en matières colorantes biliaires, ou en sels calcaires, qui, parfois, enrobent la cholestérine comme une sorte de coquille, ou, le plus souvent, occupent le centre du calcul.

Plus les sédiments ou calculs biliaires seront riches en sels calcaires et plus l'action dissolvante des eaux de Contrexéville sera efficace.

Au contraire, cette efficacité sera d'autant moindre que les calculs contiendront de la cholestérine plus ou moins pure.

En ce cas, il faudra, en même temps que l'on s'adresse au foie, s'attacher à modifier le tempérament général, l'anémie et la constitution nerveuse générale du malade, en lui appliquant les principes d'alimentation exposés dans mon ouvrage sur le cerveau et les nerfs.

RÉSUMÉ

Les eaux de Contrexéville sont principalement indiquées dans les cas de gravelle urinaire, de gravelle biliaire, dans la goutte, dans les engorgements du foie, de la rate, des intestins et dans les diverses dyspepsies, surtout dans la dyspepsie avec tendance acide de la salive et aux obstructions intestinales. *Données à faibles doses et méthodiquement, elles sont anti-anémiques et anti-lymphatiques, grâce aux sels de chaux, au fer, aux arséniates et aux fluorures qu'elles contiennent.*

Elles sont aussi des auxiliaires précieux dans le traitement du nervosisme ou épuisement nerveux, de l'albuminurie et du diabète.

Il m'a semblé utile de mettre en relief ces dernières propriétés curatives, qui, *au point de vue thérapeutique*, placent les eaux de Contrexéville dans une catégorie aussi spéciale qu'elles le sont déjà *au point de vue comparatif de leur composition chimique.*

La disparition de symptômes locaux ou leur diminution, en même temps que les réactions de la salive et des urines deviendront de plus en plus normales, indiqueront s'il faut prolonger ou arrêter la cure.

Tous les malades atteints de lésions organiques ou

de cachexies avec ou sans fièvre lente, et ceux dont les urines seront franchement alcalines, devront s'abstenir TOUT A FAIT *de prendre non-seulement les eaux de Contrexéville, mais des eaux quelconques.*

Il sera souvent nécessaire de joindre le traitement anti-anémique complet à la médication hydro-minérale et de rétablir l'intégrité des fonctions et les tissus cérébro-nerveux par une alimentation appropriée, chez les personnes dont les troubles se rattachent aux excès de travail ou autres, aux affections morales ou à l'hypocondrie.

RÉGIME ALIMENTAIRE.

Pour toutes les questions d'hygiène et d'alimentation, les malades feront sagement de parcourir mon ouvrage : *de l'Alimentation du cerveau et des nerfs*, ainsi que celui sur le *Traitement physiologique des maladies héréditaires et consomptives.*

Les travaux excessifs, la bonne chère, les excès de tout genre, les veilles, les affections morales, en un mot, les soucis, les conditions cérébro-nerveuses et intellectuelles, la vie sédentaire entretiennent une production considérable d'acide urique et prédisposent singulièrement aux congestions, aux engorgements des viscères et à tous les désordres qui résultent de sa présence dans le sang. — Les mêmes causes agissant aussi comme élément de désassimilation trop active, sans compensation suffisante par le repos et par les aliments, il arrive que, d'une part, les tissus perdent leur contractilité, leurs propriétés physico-vitales ; et que, de l'autre, les liquides et le sang sont altérés dans leur composition chimique.

A la suite de dyspepsies plus ou moins prolongées, l'organisme présente alors tous les caractères et tous les phénomènes de l'anémie en même temps que ceux de la goutte, de la gravelle, etc.

Comme hygiène générale, aidant l'action curative des eaux, je recommande l'exercice *sous les arbres*, *les inhalations d'oxygène*, la sobriété, le calme moral, et surtout d'éviter les surexcitations quelconques, par le travail ou le plaisir.

ALIMENTATION SELON LES TEMPÉRAMENTS

Tempérament pléthorique.

Goutte active. — Acide urique dans le sang. — Suracidité des urines. — Gravelle rouge. — Excès d'urates. — Pouls large, face colorée. — Conjonctives injectées. — Puissante musculature. — Réactions rapides et vives. — Congestions faciles.

Régime végétal. — Exercice. — Boissons aqueuses.

Tempérament bilieux lymphatique-bilieux et bilieux-nerveux.

Rhumatisme goutteux. — Goutte atonique. — Gravelle phosphatique ou blanche. — Faible acidité des urines. — Engorgement du foie. — Gravelle biliaire. — Obstructions gastro-intestinales et constipation habituelle. — Réactions lentes mais complètes. — Pouls généralement lent. — Teinte ictérique plus ou moins accentuée des sclérotiques et de la peau.

Régime végéto-animal. — Pas de graisses ni d'aliments gras. — Jus de carotte. — Exercice au soleil. — Aliments phosphorés.

Tempérament lymphatique. — Anémie.

Face plus ou moins pâle ou, dans certains cas, rougeurs vives, en plaques, et, parfois même, teint un peu couperosé. — Muqueuses décolorées ou boursouflées. — Tendance aux catarrhes. — Paupières délicates. — Pouls vif ou lent, mais dépressible. — Refroidissement habituel des pieds et des mains. — Réactions lentes et incomplètes. — Souvent, bruit de souffle au cœur et dans les artères. — Tendance à la neutralité ou, dans certains cas, à l'alcalinité des urines. — Tendance à l'acidité ou à la neutralité de la salive.

Régime tonique. — Ferrugineux. — Viandes noires. — Poissons de mer. — Vins généreux et boissons légèrement stimulantes.

ALIMENTS ET BOISSONS.

VIANDES

Cheval	G. B
Bœuf.	A.
Porc, charcuterie.	I. B. G.
Mouton	A.
Dinde	A.
Oie	I. G. B.
Canard.	I. G. B.
Veau	» D. »
Chevreau.	» » »
Agneau	» » »
Poulet	» » »
Lapin	» » »
Perdreau.	» D. »
Lièvre.	A.
Sarcelle	B.

B. Ne conviennent pas au tempérament bilieux.
N. Ne conviennent pas au tempérament nerveux. } bilieux-nerveux ou aux diabétiques.
G. Ne conviennent pas au tempérament sanguin.
F. Aliments ou boissons *acides* ou interdits aux goutteux et aux graveleux.
P. Aliments *phosphorés*.
A. Aliments *anti-anémiques*.
I. Aliments peu digestibles.
D. Aliments très-digestibles. } anti-diabétiques.

Pigeon.	A.
Pâté de foie gras.	I. B. G.

POISSONS. — CRUSTACÉS. — REPTILES.

Goujon.	D.
Sole.	D.
Limande.	D.
Turbot.	D.
Merlan.	D.
Carpe.	D.
Morue fraîche.	»
Brochet.	»
Anchois.	F.
Raie.	D.
Sardine fraîche.	D.
Éperlans.	A.
Saumon.	B. I. G.
Thon frais.	A.
Gardon.	»
Anguille.	B. I. G.
Morue salée.	I. F.
Sardines à l'huile.	I.
Thon mariné.	I.
Maquereau.	D.
Harengs frais.	D.

Harengs salés.	I. F.
Huîtres.	D. A.
Écrevisse.	I. F.
Crevette.	I. F.
Homard.	I. F.
Crabe.	I. F.
Langouste.	I. F.
Moules.	I. F.
Escargots.	I. A.
Tortues.	A. P.

DIVERS PRODUITS ANIMAUX

Caviar.	I. P.
Lait de vache.	B.
Lait d'ânesse.	D.
Lait de jument.	A. A.
Lait de chèvre.	D. D.
Laitances.	P. P.
Nids d'hirondelles.	I.
Œufs de poule crus ou peu cuits. . . .	D. P. A.
Œufs de tortue.	P. A. D.
Cervelles.	P. A. D.
Foie.	A. B.
Boudin.	A. B.
Sang.	A.

Fromages divers.	D.
— de chèvre.	D.
Fromages blancs frais	D.
— double-crème.	B.

PAINS. — LÉGUMES. — CÉRÉALES.

Pain blanc, très-cuit	D.
— de seigle.	B.
Macaroni.	B.
Pâtes d'Italie.	D.
Semoules.	D. A.
Klébiss (1)	A. D. P. P.
Riz	D.
Gruau d'avoine	A.
Pommes de terre	D.
Tapioca	D.
Salep-sagou	D.
Arrow-root.	D.
Haricots verts (frais).	D. P.
Pois.	I.
Farine de lentilles.	P. A.
Salsifis.	D.
Carottes	I.
Concombre.	F.

(1) Pharmacie Ducoux, 44, rue de Richelieu.

Cresson.	A.
Salades diverses.	F.
Choux.	I.
Navets.	D.
Radis.	I.
Poireaux.	D.
Asperges.	F.
Oignons.	I.
Choucroute.	I.
Tomates.	F. F.
Artichauts crus. F. Cuits.	D.
Oseille.	F. F.
Chicorée..	D.
Épinards.	D.
Laitue cuite.	D.

FRUITS CRUS

Châtaignes.	I
Noix.	I.
Noisettes.	I.
Amandes vertes.	D. P.
Olives.	I.
Groseilles.	F. F.
Cerises aigres. F. Douces.	D.
Fraises.	D.

Framboises	F. F.
Citrons	F. F.
Oranges	F.
Ananas	F. F.
Abricots	I.
Prunes	F.
Pêches	D.
Melons	I.
Pommes	F.
Figues fraîches	D.
Poires	F.
Raisins	D.
Nèfles	F.
Sorbes	F.
Coings	F.

VÉGÉTAUX DIVERS

Champignons	I. F.
Morilles	I. F.
Truffes	I. F.

DIVERS

Chocolat	B. A.
Lard	B. I.
Beurre	B.

Pâtisseries.	B. F.
Sucreries.	B. F.
Vinaigre.	F.
Beurre d'anchois.	F.

BOISSONS

Café.	F. A. N.
Thé.	D.
Vins d'Espagne ou similaires.	F. N. A.
— Marsala.	F. N. A.
— Porto.	F. N. A.
Vins blancs de Bourgogne.	F. N. A.
— rouges —	F. A. A.
Vins blancs de Bordeaux ou de la Gironde.	N.
— rouges.	A.
Vins rouges du midi ou du Languedoc.	A.
Vins de Champagne.	F. A.
Liqueurs.	F. A.
Bière allemande.	A.
— anglaise importée.	F.
— française (nouvelle).	A.
Porter.	F. A.
Cidre.	F.
Vins acides des environs de Paris. . .	F.

Vins dits de Mâcon. . . . . F.
Vins ordinaires des restaurants. . . F.

PRÉPARATION DES ALIMENTS

Grillage. . . . . D.
Rôtissage. . . . . D.
Cuisson dans l'eau. . . . . D.
Sauces épicées. . . . . F. I.
Sauces au beurre. . . . . B. I.
Sauces à l'huile. . . . . I. B.
Sauces au vinaigre. . . . . F.

D'une manière générale, les goutteux et les graveleux feront sagement de ne prendre que des fruits cuits et d'éviter les végétaux crus.

Un certain nombre de matières minérales sont utiles dans le régime alimentaire des auxiliaires goutteux et graveleux de divers tempéraments.

Par ex. : le chlorure de sodium et le sulfate de soude sont les sels des bilieux ; les phosphates de potasse et de soude, des sanguins et des nerveux, les phosphates de chaux et de fer, les fluorures, des lymphatiques, des chlorotiques et des anémiques.

C'est en conseillant l'usage de boissons ou d'aliments dont la composition chimique se rapproche de toutes les données précédentes, que le médecin, après les saisons hydrominérales qui *paralysent les effets, parviendra à supprimer aussi la cause qui les entretient*, en modifiant le tempérament ou la prédisposition du malade, dyspeptique, anémique, goutteux ou graveleux.

Il ne faut jamais oublier que toutes ces manifestations locales de la goutte et des gravelles, ne sont que l'expression *locale* d'un état *général* de l'économie, qui doit surtout appeler l'attention du praticien, sous peine d'éprouver de graves échecs, et d'être surpris qu'au lieu de se bien trouver des eaux, les malades en ressentent à plus ou moins bref délai, de très-fâcheuses conséquences.

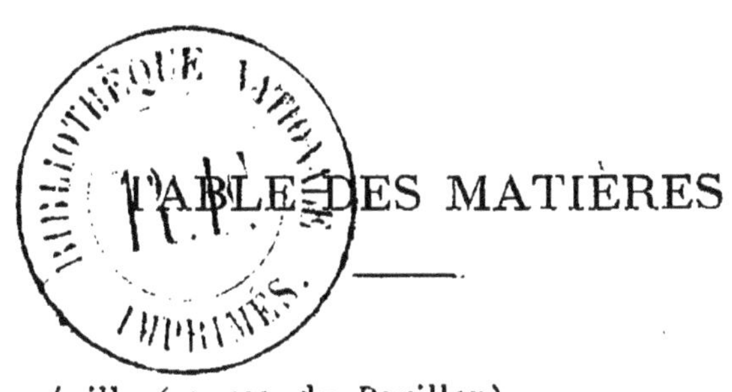

TABLE DES MATIÈRES

FIN

Paris-Vaugirard. -- Typ. N. Blanpain, 7, rue Jeanne.

www.ingramcontent.com/pod-product-compliance
Ingram Content Group UK Ltd.
Pitfield, Milton Keynes, MK11 3LW, UK
UKHW021956260726
13994UKWH00004B/1791

9 782329 156989